Paso a paso

La historia de una manzana

Todo comienza con una semilla

Stacy Taus-Bolstad

ediciones Lerner ◆ Mineápolis

ediciones Lerner
Una división de Lerner Publishing Group, Inc.
241 First Avenue North
Mineápolis, MN 55401, EE. UU.

Si desea averiguar acerca de niveles de lectura y para obtener más información, favor consultar este título en www.lernerbooks.com.

Créditos de las imágenes: kali9/Getty Images, p. 3; rupaite/Shutterstock.com, pp. 5, 23 (ángulo superior derecho); AnaFidalgo/iStockphoto/Getty Images, p. 7; krolya25/Shutterstock.com, pp. 9, 23 (ángulo inferior izquierdo); Adam Gryko/Shutterstock.com, pp. 11, 23 (ángulo superior izquierdo); Anna V. Ponomareva/Getty Images, p. 13; Chelmicky/Shutterstock.com, p. 15; Eugene Kovalchuk/Shutterstock.com, p. 17; Vesna Andjic/E+/Getty Images, pp. 19, 23 (ángulo inferior derecho); Donald Iain Smith/Getty Images, p. 21; cometary/Getty Images, p. 22. Portada: xxmmxx/E+/Getty Images; Garsya/iStock/Getty Images.

Fuente del texto del cuerpo principal: Mikado Medium.
Fuente proporcionada por HVD Fonts.

Library of Congress Cataloging-in-Publication Data

Names: Taus-Bolstad, Stacy, author.
Title: La historia de una manzana : todo comienza con una semilla / Stacy Taus-Bolstad.
Other titles: Story of an apple. Spanish
Description: Minneapolis : ediciones Lerner, [2022] | Series: Paso a paso | Includes bibliographical references and index. | Audience: Ages 4–8 | Audience: Grades K–1 | Summary: "An apple tree sprouts from a seed and grows. But how does the tree make apples? Children can read about the full life cycle of an apple, from tiny seed to tasty fruit. Now in Spanish!"– Provided by publisher.
Identifiers: LCCN 2021020565 (print) | LCCN 2021020566 (ebook) | ISBN 9781728441917 (library binding) | ISBN 9781728447841 (paperback) | ISBN 9781728443997 (ebook)
Subjects: LCSH: Apples—Juvenile literature.
Classification: LCC SB363 .T29618 2022 (print) | LCC SB363 (ebook) | DDC 634/.11—dc23

LC record available at https://lccn.loc.gov/2021020565
LC ebook record available at https://lccn.loc.gov/2021020566

Fabricado en los Estados Unidos de América
2-1009895-49789-8/31/2023

¡Las manzanas son deliciosas! ¿Cómo crecen?

Un granjero planta semillas.

Las semillas cambian.

Los árboles crecen.

Las flores se abren.

Las flores se caen.

Crecen pequeñas manzanas en los árboles.

Las manzanas cambian.

Los trabajadores recogen las manzanas.

La gente compra las manzanas.

¡Un mordisco!

Glosario con imágenes

árboles

flores

semillas

trabajadores

Otros títulos

Chang, Kirsten. *Watch an Apple Grow*. Minneapolis: Jump!, 2019.

Peters, Katie. *Apple Seeds*. Minneapolis: Lerner Publications, 2020.

Ridley, Sarah. *Blossom to Apple*. New York: Crabtree, 2019.

Índice